BEI GRIN MACHT SICH IHR WISSEN BEZAHLT

AF137228

- Wir veröffentlichen Ihre Hausarbeit, Bachelor- und Masterarbeit

- Ihr eigenes eBook und Buch - weltweit in allen wichtigen Shops

- Verdienen Sie an jedem Verkauf

Jetzt bei www.GRIN.com hochladen und kostenlos publizieren

Thomas Dörr

Symmetrie in der Lehrer-Schüler Interaktion im Mathematikunterricht

Examenslehrprobe Mathematik (11. Klasse)

GRIN Verlag

Bibliografische Information der Deutschen Nationalbibliothek:

Die Deutsche Bibliothek verzeichnet diese Publikation in der Deutschen National-
bibliografie; detaillierte bibliografische Daten sind im Internet über http://dnb.d-
nb.de/ abrufbar.

Dieses Werk sowie alle darin enthaltenen einzelnen Beiträge und Abbildungen
sind urheberrechtlich geschützt. Jede Verwertung, die nicht ausdrücklich vom
Urheberrechtsschutz zugelassen ist, bedarf der vorherigen Zustimmung des Verla-
ges. Das gilt insbesondere für Vervielfältigungen, Bearbeitungen, Übersetzungen,
Mikroverfilmungen, Auswertungen durch Datenbanken und für die Einspeicherung
und Verarbeitung in elektronische Systeme. Alle Rechte, auch die des auszugsweisen
Nachdrucks, der fotomechanischen Wiedergabe (einschließlich Mikrokopie) sowie
der Auswertung durch Datenbanken oder ähnliche Einrichtungen, vorbehalten.

Impressum:

Copyright © 2011 GRIN Verlag GmbH
Druck und Bindung: Books on Demand GmbH, Norderstedt Germany
ISBN: 978-3-656-71789-8

Dieses Buch bei GRIN:

http://www.grin.com/de/e-book/278083/symmetrie-in-der-lehrer-schueler-interak-
tion-im-mathematikunterricht

GRIN - Your knowledge has value

Der GRIN Verlag publiziert seit 1998 wissenschaftliche Arbeiten von Studenten, Hochschullehrern und anderen Akademikern als eBook und gedrucktes Buch. Die Verlagswebsite www.grin.com ist die ideale Plattform zur Veröffentlichung von Hausarbeiten, Abschlussarbeiten, wissenschaftlichen Aufsätzen, Dissertationen und Fachbüchern.

Besuchen Sie uns im Internet:

http://www.grin.com/

http://www.facebook.com/grincom

http://www.twitter.com/grin_com

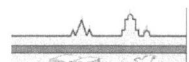

Unterrichtsentwurf für die Lehrprobe im Ausbildungsfach Mathematik

gem. § 20 LVO über die Ausbildung und Zweite Staatsprüfung für das Lehramt an berufsbildenden Schulen

Themenvorgabe:

Symmetrie in der Lehrer-Schüler Interaktion im Mathematikunterricht, dargestellt an einer Unterrichtseinheit aus dem Lernbaustein 3 (Lernbereich 1) des Lehrplans Mathematik für BF 1, BF 2, BS, Fachhochschulreifeunterricht, BOS 1, BOS 2

Thema der Unterrichtsstunde:
„Mathematik ist überall – Symmetrie bei ganzrationalen Funktionen"

Ausbildungsfach:	Mathematik
Klasse:	HBFS 11a
Ausbildungsschule:	xxx
Datum:	02. September 2011
Zeit:	8.55 – 9.40 Uhr (2.Stunde)
Raum:	201

Studienreferendar: Thomas Dörr

1. Mein Konzept

Wie ich mich in meiner Lehrerrolle in Bezug auf diese Lerngruppe momentan erlebe:

Der respektvolle und wertschätzende Umgang mit der Lerngruppe ist mir sehr wichtig und für mich die Grundlage einer guten Lernatmosphäre. Dazu gehe ich respektvoll mit allen Schülerinnen und Schülern um, und bemühe mich auf die Probleme der Schüler[1] einzugehen. Außerdem bringe ich ihnen Verständnis entgegen, wozu ein gewisses Maß an Einfühlungsvermögen erforderlich ist. Dies soll dazu führen, dass den Schülern eine gewisse Sicherheit übermittelt wird, um sich angstfrei und selbstständig mit dem Lernstoff auseinandersetzen zu können.

Mein Konzept vom Lehrersein sehe ich in der Rolle des begleitenden Ansprechpartners in der Klasse, der Lernarrangements organisiert und die Schüler für diese motiviert. Zudem stelle ich Informationsmaterial bereit, mit dem sich die Schüler selbstständig und in kooperativen Arbeitsformen Unterrichtsinhalte erarbeiten.

Meine nächsten Schritte, um dieses Ziel zu erreichen:

Mein Ziel im Mathematikunterricht besteht darin, in erster Linie das Interesse der Schüler für die Mathematik zu wecken. Dazu binde ich die Klasse durch selbstständige Tätigkeiten und Überlegungen aktiv mit in den Unterricht ein. Jeder Einzelne der Lerngruppe soll sich durch die eigene Initiative die Unterrichtsinhalte erarbeiten können. Durch selbstständiges Arbeiten wird die Eigenverantwortung der Schüler gefördert. Außerdem wird durch eine Übertragung auf realitätsnahe Problem- und Aufgabenstellungen den Schülern der Bezug zur Mathematik nähergebracht.

1.1 Meine Lerngruppe

Die Klasse besteht aus 29 Schülerinnen und Schülern, wovon neun männlich sind. Zwölf Schülerinnen und zwei Schüler haben einen Migrationshintergrund, die meisten sind türkischer Abstammung. Meiner Einschätzung nach ist das Leistungsniveau in der Klasse mäßig hoch, da bei einigen Schülerinnen und Schülern Grundlagen aus der Mittelstufe nicht mehr präsent und abrufbar sind. Bei der Wiederholung von Grundlagenwissen konnte ich feststellen, dass einige Schüler beispielsweise keine fundierten Kenntnisse zum Thema lineare Funktionen haben. Zudem haben einige bislang schlechte Erfahrungen im Hinblick auf den Mathematikunterricht

---

[1] Anmerkung: In der deutschen Sprache gibt es bisher keine einheitliche Regelung, die einen angemessenen Ersatz für die veraltete Verwendung der Anrede bietet. Wenn ich im Folgenden nur die männliche Form von Schülern verwende, dann sind stets auch alle Schülerinnen gemeint. Dies geschieht nur im Interesse eines flüssigeren Schreibstils.

gemacht und haben mir auch zurückgemeldet, dass sie aufgrund unterschiedlicher Probleme ein sehr lückenhaftes Vorwissen mitbringen. Manche wiederholen diese Klassenstufe. Ein Schüler vertraute mir an, dass er im Erwachsenenalter an ADHS erkrankt sei und oft Probleme habe sich zu konzentrieren. Da die Krankheit erst vor einem halben Jahr festgestellt worden ist, ist er medikamentös noch nicht richtig eingestellt, weshalb ihm die Symptome immer wieder zu schaffen machen. Dieser Schüler ist ansonsten sehr ruhig und fällt im Unterricht nicht negativ auf. Besonders auffällig in dieser Klasse ist das große Altersgefälle in einem Spektrum von 16 bis 24 Jahren.

Meine Beobachtungen in den ersten drei Wochen des Unterrichts in dieser Klasse sind, dass die Lerngruppe trotz teils schwieriger Voraussetzungen hohen Leistungswillen und Wissbegierigkeit zeigt. Da ich von meinen Schülern in anonymer schriftlicher Form ihre Erwartungshaltung und bisherigen Erfahrungen an den Mathematikunterricht eingefordert habe, hat dieses Bild sich noch bestätigt. Es war oft zu lesen, dass sie den Abschluss nach zwei Jahren bewältigen wollen und dazu motiviert sind.

Die Lernatmosphäre in der Lerngruppe lässt sich als sehr angenehm und sozial ausgewogen beschreiben. In den ersten Stunden habe ich beobachtet, dass die Schüler in Gruppenarbeitsphasen nicht an selbstständiges Arbeiten gewöhnt sind. Statt Arbeitsaufträge und Probleme in ihren Gruppen zu bearbeiten, wurde ich als Ansprechpartner direkt aufgesucht. Auch versuchten einige eigenständig auf die Lösung zu kommen, ohne die Gruppe in ihre Überlegungen mit einzubeziehen. Diese Punkte habe ich mit der Klasse besprochen und aufgezeigt, dass sie die Aufgabenstellungen miteinander diskutieren sollen. Weiterhin stelle ich im Unterricht Hilfsmaterial zur Verfügung, auf das die Schüler jederzeit zurückgreifen können, um so selbstständig auf einen Lösungsweg zu kommen.

1.2 Folgerungen für meinen Unterricht in dieser Lerngruppe

Da viele Schüler oft schlechte Erfahrungen mit dem Mathematikunterricht gemacht haben, empfinde ich es als meine Aufgabe, dieses Verhältnis zu verbessern. Dies versuche ich dadurch zu erreichen, indem ich den Schülern Zeit gebe, Unterrichtsinhalte zu verstehen. Außerdem ist es im Lernprozess unvermeidlich, Fehler zu machen, woraus dann allerdings die richtigen Schlüsse zu ziehen sind. Dazu muss eine Lernatmosphäre geschaffen werden, in der es erlaubt ist, Fehler zu machen und mit diesen umzugehen. Weiterhin ist es mir wichtig, die Schüler schrittweise an das selbstständige Arbeiten zu gewöhnen. So ziehe ich mich als Lernbegleiter in den Arbeitsphasen weitestgehend zurück, unterstütze die Schüler jedoch bei auftretenden Schwierigkeiten.

Da im jetzigen Schuljahr eine einstündige Förderunterrichtsstunde zur Verfügung steht, strebe ich das Wiederholen von grundlegenden mathematischen Inhalten in diesen Stunden an. Denn „die Sicherung von Basiswissen ist unverzichtbar und Voraussetzung für einen erfolgreichen Lernerfolg in der Mathematik, so auch im Bereich der Analysis."[2] Die Verantwortung für die Ausgestaltung dieses Unterrichts lege ich in die Hand der Lerngruppe. Dabei sollen die Schüler sich zukünftig auf diese Stunden vorbereiten, um dort gezielt Schwierigkeiten und Verständnisprobleme anzusprechen.

2. Einordnung des Themas in den Rahmenlehrplan

In der höheren Berufsfachschule dient der Lehrplan Mathematik vom 09.08.2005 des Ministeriums für Bildung, Frauen und Jugend als didaktische Grundlage. Dieser gliedert sich in Lernbausteine, die sich nochmals in ihre jeweiligen Lernbereiche aufgliedern. Dabei werden in der HBFS die beiden Lernbausteine 3 und 4 zum Gegenstand des Unterrichts.

Die geplante Unterrichtsstunde im Mathematikunterricht ist Teil des Lernbausteins 3, Lernbereich 1: „Darstellen, Interpretieren und Anwenden von Funktionen"[3]. Im Bereich dieses Lernbausteins sieht der Lehrplan folgende Kompetenzschwerpunkte vor:

- Funktionale Zusammenhänge in sprachlicher Form, als Wertetabelle, als Graph und als Term darstellen und die verschiedenen Darstellungsmöglichkeiten im Hinblick auf deren Verwendbarkeit beurteilen;
- Funktionen und ihre Graphen auf ihre Eigenschaften untersuchen und zur Lösung außer- und innermathematischer Problemstellungen anwenden.[4]

3. Kompetenzwahl

Die Schülerinnen und Schüler erschließen sich die Symmetrieeigenschaften von ganzrationalen Funktionen, indem sie deren Gesetzmäßigkeiten anhand von Funktionsgleichungen, Funktionsgraphen und den dazugehörigen Wertetabellen untersuchen. Dabei wird ihre Fähigkeit, selbstständig mathematische Zusammenhänge zu erkennen und zu formulieren, im Rahmen der Fachkompetenz gefördert.

Die Schüler legen ihre Arbeitsschritte zur Bearbeitung der Aufgabenstellung eigenständig fest. Außerdem wird durch den Informationsaustausch die Kooperation der Schüler untereinander gefördert. Zudem werden Bedürfnisse und Interessen artikuliert und somit in die Teamarbeit

---

[2] BRUDER, R./LEUDERS, T./BÜCHTER, A.: „Mathematikunterricht entwickeln". S. 57.
[3] vgl. LEHRPLAN MATHEMATIK: Lernbaustein 3, Lernbereich 1, 2005. S.19.
[4] ebd. S.19.

integriert. Durch geeignete Zeitvorgaben wird ein zielgerichtetes und konzentriertes Arbeiten gefördert.

4. Didaktische Überlegungen und methodische Entscheidungen zur Unterrichtsstunde

„Symmetrie lässt sich wohl überall entdecken. Das Phänomen und seine Beschreibung interessieren Menschen seit jeher. Mathematik ist die Wissenschaft, in deren Sprache Symmetrie am klarsten zu fassen ist und mit deren Mitteln ihre Eigenschaften am sichersten zu erschließen sind."[5]

In der heutigen Unterrichtseinheit werden daher ganzrationale Funktionen auf ihre Symmetrieeigenschaften hin überprüft und Gesetzmäßigkeiten anhand von Funktionsgleichungen und –graphen herausgestellt. Dabei erschließen sich die Schüler selbstständig anhand des vorbereiteten Materials Gesetzmäßigkeiten zur Achsensymmetrie zur y-Achse und Punktsymmetrie zum Ursprung und formulieren eigenständig mathematische Zusammenhänge.

In einer offenen Lernumgebung, in der sich die Schüler selbstständig mit dem Unterrichtsinhalt beschäftigen, muss der Lehrer versuchen, das traditionell komplementäre Beziehungsverhältnis zwischen Lehrer und Schüler zugunsten des Ziels einer größeren Ausgeglichenheit der Rollen umzukehren.[6] „Symmetrische Beziehungen zeichnen sich durch Streben nach Gleichheit und Verminderung von Unterschieden zwischen Partnern aus, während komplementäre Interaktionen auf sich gegenseitig ergänzenden Unterschiedlichkeiten basieren."[7]

In der **Eröffnungsphase** der Unterrichtsstunde soll die Bereitschaft der Lernenden geweckt werden, sich mit dem Unterrichtsgegenstand zu beschäftigen. Besonderer Wert ist darauf zu legen, dass die Schüler in eine handelnde Auseinandersetzung mit dem Unterrichtsgegenstand gebracht werden.[8] An einer vorbereiteten Pinnwand werden exemplarisch diverse Bilder[9] wahllos aufgehängt. Die Bilder entstammen den unterschiedlichsten Bereichen wie Architektur, Alltag, Kunst, Symbolik oder der Natur; gemeinsam ist ihnen die Symmetrie. Die Schüler versammeln sich in einem Halbkreis stehend vor der Pinnwand und sollen die Motive beschreiben und ihre Beobachtungen verbalisieren. Dabei ist es aufgrund der Auswahl der Fotografien wahrscheinlich, dass den Schülern auffällt, dass alle Fotos eine gewisse Symmetrie aufweisen. Daraufhin werden

---

[5] HEITZER, J.: „Symmetrie im Mathematikunterricht". S.4.
[6] vgl.: STANGL, W.: „Kritisch-kommunikative Didaktik".
[7] WATZLAWICK, P./ BEAVIN, J./JACKSON, D.: „Menschliche Kommunikation: Formen, Störungen, Paradoxien". S.69.
[8] vgl. RICHTER, H.: „Die Einstiegsphase im handlungsorientierten Unterricht". S.3f.
[9] Diese Bilder wurden der freien und kostenlosen Bilddatenbank für lizenzfreie Fotos www.pixelio.de entnommen.

die Bilder differenzierter betrachtet und nach der Art ihrer Symmetrie – Punkt- bzw. Achsensymmetrie – sortiert und geclustert an der Pinnwand umgehängt. Da in den letzten beiden Unterrichtsstunden die Einführung ganzrationaler Funktionen vorgenommen wurde, können sich die Schüler selbstständig das heutige Stundenthema erschließen: Symmetrie bei ganzrationalen Funktionen. Auf diese Weise wird die Lerngruppe für das Thema aktiviert, d.h. sie werden durch die Bilder motiviert und angeregt, sich mit dem Thema Symmetrie bei ganzrationalen Funktionen auseinanderzusetzen. Es wird ihnen im Anschluss daran die Möglichkeit gegeben, im tätigen Umgang mit den Dingen Schülerfahrungen zu erwerben.[10] Während der Eröffnung halte ich mich weitestgehend aus dem Gespräch zurück und moderiere die Eröffnungssituation. Gegebenenfalls setze ich Impulse, falls es zu Schwierigkeiten in der Gesprächssituation kommt.

Ist das Thema der Stunde formuliert, gehen die Schüler in die **erste Erarbeitungsphase**. Dabei nimmt sich jeder Schüler vom Pult ein Arbeitsblatt[11] mit und kehrt auf seinen Sitzplatz an den jeweiligen Gruppenarbeitstisch zurück. Außerdem nimmt sich jede Gruppe ein Päckchen mit je zwölf Funktionsgraphen. Der konkrete Arbeitsauftrag ist auf den Arbeitsblättern formuliert und die Schüler beginnen in ihren Kleingruppen an dem Arbeitsauftrag zu arbeiten. Solche kooperativen Lernformen wie Partner- oder Gruppenarbeit besitzen einen außerordentlichen Einfluss auf das Lernen. Schüler lernen voneinander, indem sie inhaltlich miteinander kommunizieren, Irritationen und Misskonzepte beseitigen und kreativ handelnd höhere Verständnisstufen erlangen. Zudem werden Schüler motiviert, sich mit den Mitschülern und dem Lerngegenstand konstruktiv auseinanderzusetzen.[12] Eine solche Gruppenarbeit kommt in der heutigen Stunde zum Einsatz. Dabei erarbeiten sich die Schüler in ihren Kleingruppen die einfachen Symmetrieeigenschaften ganzrationaler Funktionen. Sie erkennen, wie man anhand der Exponenten einer Funktionsgleichung schnell einen Blick dafür bekommt, ob eine Funktion achsensymmetrisch zur y-Achse, punktsymmetrisch zum Koordinatenursprung ist oder keine dieser beiden speziellen Symmetrien aufweist. Dies erarbeiten sie sich, indem sie die vorgegebenen Funktionsgraphen ganzrationaler Funktionen und deren Funktionsterme untersuchen. Dabei halten die Schüler ihre Arbeitsergebnisse auf dem Arbeitsblatt fest, das gleichzeitig auch als Ergebnissicherung ihrer Beobachtungen dient. Meine Aufgabe in dieser Phase ist es, die Schüler bei ihren Lernprozessen zu beobachten und zu begleiten. Gegebenenfalls helfe ich bei auftretenden Unklarheiten und orientiere die Schüler in einer solchen Situation.

In einem kurzen **Unterrichtsgespräch** werden die Beobachtungen präsentiert und besprochen. Zur Präsentation erhält jede Gruppe eine vorgefertigte Folie, auf der das Arbeitsblatt abgedruckt

---

[10] vgl. HEINTZ, G.: „Selbstständiges Lernen in einer medialen Lernumgebung". S.248.
[11] siehe Anhang.
[12] vgl. HUßMANN, S.: „Mathematik entdecken und erforschen". S.19.

ist. Dabei stellt eine freiwillige Schülergruppe ihr Ergebnis vor, die anderen Gruppen überprüfen ihre Ergebnisse und vergleichen sie.

„Mathematiker arbeiten gerne elegant und effektiv. Dabei können Symmetrieeigenschaften eine große Hilfe sein, sofern man sie bemerkt und nutzt."[13] „Beim Zeichnen von Graphen spart man viel Zeit, wenn diese eine Symmetrie aufweisen und man diese Symmetrie auch beachtet."[14] Diese Erkenntnis sollen die Schüler im Verlauf des Gesprächs gewinnen.

Im Unterrichtsgespräch soll herausgestellt werden, dass man die Symmetrie an den Exponenten erkennen kann. Dazu wurden als Arbeitsergebnis der ersten Erarbeitungsphase zwei Merkregeln von den Schülern formuliert: 1. Eine ganzrationale Funktion ist symmetrisch zur y-Achse, wenn im Funktionsterm nur gerade Exponenten vorhanden sind. 2. Eine ganzrationale Funktion ist punktsymmetrisch zum Ursprung, wenn im Funktionsterm nur ungerade Exponenten vorhanden sind. Die beiden Merkregeln sind Folgerungen aus den allgemeinen Symmetriebedingungen.: „Der Graph einer Funktion f ist genau dann achsensymmetrisch zur y-Achse, wenn $f(x) = f(-x)$ für alle $x \in D_f$ gilt. Der Graph einer Funktion f ist genau dann punktsymmetrisch zum Ursprung, wenn $f(x) = -f(-x)$ für alle $x \in D_f$ gilt."[15]

Die Verallgemeinerung des Symmetriebegriffs ist wichtig und bietet viele Möglichkeiten im weiteren Verlauf der Unterrichtsreihe. Darauf werde ich im späteren Abschnitt noch eingehen. Die mathematischen Zusammenhänge dieser Sätze werden von den Schülern in der zweiten Erarbeitungsphase in ihren Kleingruppen bearbeitet.

In der **zweiten Arbeitsphase** nehmen sich die Schüler ein Plakat mit an ihre Gruppenarbeitstische. Auf den Plakaten ist eine achsensymmetrische Funktion zu sehen, wobei dieser Funktionsgraph nur auf einer Hälfte des Koordinatensystems eingezeichnet ist. Der Fokus soll hier zunächst bewusst auf der Achsensymmetrie liegen. Einerseits ist es anhand dieser Symmetrie einfacher zu erkennen, wie die Zusammenhänge zwischen den x- und den jeweiligen Funktionswerten sind und andererseits ist die Vorgehensweise auf die Punktsymmetrie übertragbar. Haben die Schüler den einfacheren Sachverhalt verstanden, können sie ihn auf den etwas schwierigeren übertragen. Weiterhin ist eine Wertetabelle unter der Funktion eingezeichnet, in die die Schüler Funktionswerte einsetzen können. So soll eine Vernetzung der unterschiedlichen Darstellungsebenen einer Funktion gefördert werden. Die Übertragung von verschiedenen Darstellungen bereitet den Schülern oft Schwierigkeiten und kann so mit einem

---

[13] HEITZER, J.: „Symmetrie im Mathematikunterricht". S.8.
[14] CZECH, W./KUNESCH, E.: „Training Mathematik – Infinitesimalrechnung 1". S.47.
[15] Duden – Rechnen und Mathematik. S.360.

einfachen Beispiel ebenfalls geschult werden. Zunächst machen sich die Schüler die Erkenntnisse aus der ersten Arbeitsphase zunutze. Anhand des Beispiels einer Funktionsgleichung $f(x) = 0{,}5x^2 - 1$ erkennen sie die Achsensymmetrie aufgrund der in der ersten Arbeitsphase aufgestellten Regel. Sie wenden die Symmetrieeigenschaft direkt an und vervollständigen so den achsensymmetrischen Funktionsgraphen. Zudem füllen sie die fehlenden Funktionswerte in der Wertetabelle aus. Jetzt haben die Gruppen verschiedene Darstellungsmöglichkeiten einer Funktion auf einem Plakat. Diese können die Schüler auf einen Blick miteinander vergleichen und in Verbindung bringen. Da ich die Klasse noch nicht lange kenne und deren Leistungsstand noch nicht genau einschätzen kann, ist es ungewiss, ob die Schüler selbstständig auf die mathematisch exakten Symmetriesätze für Achsen- bzw. Punktsymmetrie $f(x) = f(-x)$ bzw. $f(x) = -f(-x)$ kommen. Es ist mir in dieser Unterrichtsphase wichtig, dass die Schüler den Grundgedanken verstehen, der hinter diesen beiden mathematischen Bedingungen steht. Ist eine Funktion symmetrisch zur y-Achse, dann haben zwei von der y-Achse gleichweit entfernte x-Werte den gleichen Funktionswert. Dabei stehen den Schülern die verschiedenen Darstellungsebenen zur Verfügung, um diese Erkenntnis einfacher zu begreifen. Dazu können die Arbeitsgruppen in eigenen Worten ihre Erfahrungen formulieren und in der Reflexionsphase vorstellen. Durch das Beschreiben verstehen die Schüler den Sachverhalt, der hinter dem Satz $f(x) = f(-x)$ steckt. Außerdem steht den Arbeitsgruppen in dieser Phase eine Tippliste[16] zur Verfügung. Diese können die Schüler bei ihrem Gruppenarbeitsprozess zu Hilfe nehmen, wenn sie bei ihren Überlegungen nicht weiterkommen. Auf dem Tippblatt sind ebenfalls verschiedene Darstellungsformen aufgeführt. Es gibt dabei die Möglichkeit, auf der symbolischen Ebene die x- und y-Werte beispielsweise in einer Wertetabelle miteinander zu vergleichen. Eine weitere Art der Darstellung ist die ikonische Ebene, die bildlich in Form von Punkten einer Funktion in einem Koordinatensystem, beispielhaft die Spiegelung an einer Achse, verdeutlicht. So können die Schüler durch die für sie günstigste Darstellungsform sich eine geeignete Anregung aufgreifen.

Viele Schüler haben sich noch nicht an die Schreibweise $f(x)$ gewöhnt, da sie aus der Mittelstufe die Funktionsgleichungen durch die Darstellung wie z.B. y=2x kennen. Daher ist es möglich, dass die Schüler vielleicht auf eine Aussage wie x=-x und y=y für Achsensymmetrie kommen. Eine Verallgemeinerung der Symmetrieeigenschaft ist notwendig, denn im weiteren Verlauf der Unterrichtsreihe[17] werden allgemeine achsen- bzw. punktsymmetrische Funktionen

---

[16] siehe Anhang.
[17] Die Makroreihe befindet sich im Anhang.

aufgegriffen und der Symmetriebegriff damit erweitert durch Symmetrie zu einer beliebigen Achse bzw. zu einem beliebigen Punkt.

In der **Reflexionsphase** versammeln sich die Schüler in einem Halbkreis um die Tafel und hängen ein Plakat exemplarisch daran auf. Eine Schülergruppe präsentiert ihr Handlungsprodukt und stellt ihre Formulierung der Zusammenhänge dar. Dabei sollen sie erklären, was sie herausgefunden haben.

An dem Medium werden die Beobachtungen der Schüler noch einmal verdeutlicht. Plakate haben den Vorteil, dass die Informationen konserviert sind, im Klassenraum aufgehängt werden können und somit im weiteren Verlauf der Unterrichtsreihe immer wieder darauf zurückgegriffen werden kann. Dabei richte ich mich nach dem operativen Prinzip. Die Aufgabe des Lehrers besteht demnach darin, die jeweils untersuchten Objekte und das System („Gruppierung") der an ihnen ausführbaren Operationen deutlich werden zu lassen und die Schüler auf das Verhalten der Eigenschaften, Beziehungen und Funktionen der Objekte bei den transformierenden Operationen gemäß der Frage „Was geschieht mit..., wenn...?" hinzulenken.[18]

Die anderen Gruppen vergleichen das Präsentierte mit den eigenen Ergebnissen, ergänzen diese und bringen gegebenfalls ihre Erkenntnisse mit in das Gespräch ein.

Als Hausaufgabe erhalten die Schüler den Auftrag, ihre gewonnenen Erkentnisse auf Funktionen mit Punktsymmetrie zu übertragen. Dazu können sie sich selbst eine punktsymmetrische Funktion aussuchen und weitere Erkenntnisse zu Hause festhalten. Dabei sollen Eigenschaften dieser Funktionen herausgestellt werden und Gemeinsamkeiten bzw. Unterschiede zur Achsensymmetrie gefunden werden. Diese Problematik wird in der nächsten Stunde aufgegriffen und weiter vertieft.

---

[18] vgl. WITTMANN, E.: „Grundfragen des Mathematikunterrichts". S.79.

5. Verlaufsübersicht der Unterrichtsstunde

Zeit	Inhalt	Unterrichtsform	Didaktische Absicht
1 Min.	**Begrüßung**		
7 Min.	**Eröffnung**		
	Einführung in die Problemstellung, Interesse der SuS für die Aufgabe wecken Bilder an der Pinnwand werden verglichen: Was haben diese Bilder gemeinsam? Gibt es einen Unterschied zwischen den Bildern? Welche Arten von Symmetrie kennt ihr?	Lehrer-Schüler-Gespräch	Emotionalisierung für das Thema Symmetrie Übersicht über den heutigen Unterrichtsverlauf Erarbeitung des Themas der Unterrichtseinheit
10 Min.	**Erarbeitungsphase 1**		
	Untersuchen und selbstständiges Erarbeiten von erkennbaren Gesetzmäßigkeiten der einfachen Symmetrieeigenschaften bei ganzrationalen Funktionen	Gruppenarbeit Schüler-Schüler-Interaktion	Erarbeitung einer Merkregel zur Erkennung von Symmetrien ganzrationaler Funktionsgleichung
5 Min.	**Unterrichtsgespräch**		
	Ergebnisse präsentieren und besprechen Überleitung: allgemeine Regel zur Überprüfung der Symmetrie finden Warum ist Symmetrie wichtig? Warum kann es wichtig sein, die Symmetrieeigenschaft einer Funktion zu kennen?	Lehrer-Schüler-Gespräch	Besprechung der Arbeitsergebnisse Ergebnissicherung
15 Min.	**Erarbeitungsphase 2**		
	SuS untersuchen verschiedene Darstellungsmöglichkeiten einer achsensymmetrischen Funktion; sie erabeiten und formulieren selbstständig eine mathematische Aussage über Achsensymmetrie von Funktionen	Gruppenarbeit Schüler-Schüler-Interaktion	Anwenden der Symmetrieeigenschaften und formulieren einer allgemeinen Aussage über die Achsensymmetrie
6 Min.	**Reflexionsphase**		
	Präsentation und Besprechung der Arbeitsergebnisse Was habt ihr herausgefunden? Welche Gesetzmäßigkeiten konntet ihr erkennen? Wie könnte man eure Entdeckungen allgemein formulieren?	Lehrer-Schüler-Gespräch	SuS erläutern und diskutieren ihre Ergebnisse. Zusammenhänge in Bezug zur letzten Stunde werden besprochen und visualisiert.
1 Min.	**Hausaufgaben:**		
	Übetragt die Ergebnisse der heutigen Stunde auf eine punktsymmetrische Funktion		Festigung des Gerlernten und Erweiterung auf die Punktsymmetrie

Literaturverzeichnis

BRUDER, R./LEUDERS, T./BÜCHTER, A.: „Mathematikunterricht entwickeln", Cornelsen Verlag Skriptor. Berlin 2006.

CZECH, W./KUNESCH, E.: „Training Mathematik – Infinitesimalrechnung 1". Stark Verlagsgesellschaft. Freising. 2008.

Duden – Rechnen und Mathematik. Dudenverlag. Mannheim. 2000.

HEITZER, J.: „Symmetrie im Mathematikunterricht". In: „Mathematik lehren" Heft 161. Friedrich Verlag. Seelze. 2010.

HEINTZ, G.: „Selbstständiges Lernen in einer medialen Lernumgebung". In: LEUDERS, T. (Hrsg.): „Mathematik-Didaktik". Cornelsen Verlag Skriptor. Berlin. 2003.

HUSSMANN, S.: „Mathematik entdecken und erforschen". Cornelsen Verlag. Berlin. 2003.

LEHRPLAN MATHEMATIK gegliedert in Lernbausteine für Fachhochschulreifeunterricht, Ministerium für Bildung, Frauen und Jugend 2005. Rheinland-Pfalz.

WATZLAWICK, P./ BEAVIN, J./JACKSON, D.: „Menschliche Kommunikation: Formen, Störungen, Paradoxien". Huber. Bern. 2007.

WITTMANN, E.: „Grundfragen des Mathematikunterrichts". Vieweg+Teubner. Wiesbaden. 2009.

Internet

RICHTER, H.: „Die Einstiegsphase im handlungsorientierten Unterricht". Stand: 29.08.2011 http://helmut-richter.de/didaktik/moti.pdf

STANGL, W.: „Kritisch-kommunikative Didaktik". Stand: 29.08.2011 http://arbeitsblaetter.stangl-taller.at/WISSENSCHAFTPAEDAGOGIK/ DidaktikKommunikative.shtml

Anhang

Datum	Kompetenzschwerpunkt/ Erziehungsauftrag als übergeordnetes Ziel	Thema/Inhalt	Methoden	Materialien/Medien
12.08.2011	Kompetenzschwerpunkt: Selbstorganisationskompetenz	**Unterrichtsgang**: Besuch der Ausstellung „Mathematik begreifen"	- Partner-/Gruppenarbeit	- Laufzettel
16.08.2011	Kompetenzschwerpunkt: Präsentationskompetenz	- Schüler präsentieren eine Station ihrer Wahl, die sie in der Ausstellung besonders beeindruckt hat	- Präsentation einer Station ihrer Wahl	- Plakat - Folien - Overheadprojektor
19.08.2011	Kompetenzschwerpunkt: Selbstorganisationskompetenz	- Selbsteinschätzung der SuS: Was erwarte ich vom Mathematikunterricht? - Schüler bekommen einen Überblick über die zu wiederholenden Themen und das kommende Schulhalbjahr - Wiederholung von Basiswissen Teil I Arithmetik, Gleichungen mit einer Unbekannten, lineare Funktionen, Wertetabelle, Schnittpunktbestimmung zweier linearer Funktionen	- Stationenüben - Einzel-/Partner-/Gruppenarbeit - L-S-Gespräch	- Arbeits-/Infoblätter - Stationen - Beamer/Laptop - Metaplankarten
23.08.2011	Kompetenzschwerpunkt: Selbstorganisationskompetenz	- Wiederholung von Basiswissen Teil II quadratische Gleichungen, p-q-Formel, quadratische Ergänzung, quadratische Funktionen (Parabeln)	- Stationenüben - Einzel-/Partner-/Gruppenarbeit - L-S-Gespräch	- Arbeits-/Infoblätter - Stationen - Beamer/Laptop - Metaplankarten
26.08.2011	Kompetenzschwerpunkt: Selbstorganisationskompetenz	**Einführung: ganzrationale Funktionen** allgemeine Funktionsterme von ganzrationalen Funktionen	- Einzel-/Partner-/Gruppenarbeit - L-S-Gespräch	- Arbeits-/Infoblätter - Beamer/Laptop - Metaplankarten - Plakate
30.08.2011	Kompetenzschwerpunkt: Selbsterschließungskompetenz	**Einführung: ganzrationale Funktionen** - Funktionsgraphen mit Potenzen > 2 - zeichnen anhand einer Wertetabelle	- Einzel-/Partner-/Gruppenarbeit - L-S-Gespräch	- Arbeits-/Infoblätter - Beamer/Laptop - Metaplankarten - Tafel - Plakate

Datum	Inhalt / Kompetenzschwerpunkt	Methode	Material
02.09.2011 **(Lehrprobe)**	Kompetenzschwerpunkt: Fähigkeit selbstständig mathematische Zusammenhänge zu erkennen und zu formulieren im Rahmen der Fachkompetenz Eigenschaften ganzrationaler Funktionen: **Symmetrie** - Untersuchung verschiedener Symmetriearten - Herausstellen allgemeiner Gesetzmäßigkeiten von einfachen achsen- und punktsymmetrischen Funktionen	- Gruppenarbeit - L-S-Gespräch	- Arbeitsblätter - Plakate - Metaplankarten - Pinnwand
06.09.2011	Kompetenzschwerpunkt: Analysekompetenz Eigenschaften ganzrationaler Funktionen: **Symmetrie** - Herausstellen allgemeiner Gesetzmäßigkeiten einer punktsymmetrischen Funktion - von allgemeinen achsen- und punktsymmetrischen Funktionen	- Präsentation der Hausaufgabe - Gruppenarbeit - L-S-Gespräch	- Arbeitsblätter - Plakate - Metaplankarten - Pinnwand
09.09.2011	Kompetenzschwerpunkt: Selbsterschließungskompetenz - Eigenschaften ganzrationaler Funktionen: **Verhalten im Unendlichen** die gemeinsame Arbeit an mathematischen Problemen organisieren	- Vorgehensweise in Einzel-/Partner-/Gruppenarbeit an Beispielen bearbeiten - Raum zur Besprechung von Schwierigkeiten in der Ergänzungsunterrichtsstunde - L-S-Gespräch	- Arbeits–/Infoblätter - Plakate - Metaplankarten - Pinnwand - Beamer/Laptop
13.09.2011	Kompetenzschwerpunkt: Analysekompetenz - Eigenschaften ganzrationaler Funktionen: **Nullstellen** ganzrationaler Funktionen 1. und 2. Grades ermitteln präzisieren der Erkenntnisse mit geeigneten Fachbegriffen	- Übungen und Wiederholungen in Einzel-/Partner-/Gruppenarbeit	- Arbeits–/Infoblätter - Beamer/Laptop - Tafel
16.09.2011	Kompetenzschwerpunkt: Anwendungskompetenz - Eigenschaften ganzrationaler Funktionen: **Nullstellen** ganzrationaler Funktionen höheren Grades bestimmen: Primfaktorzerlegung, Satz vom Nullprodukt mathematische Situationen erkunden und Vermutungen aufstellen	- Übungen in Einzel-/Partner-/Gruppenarbeit - Raum zur Besprechung von Schwierigkeiten in der Ergänzungsunterrichtsstunde - L-S-Gespräch	- Arbeitsblätter - Plakate - Metaplankarten - Tafel
20.09.2011	Kompetenzschwerpunkt: Selbsterschließungskompetenz - Eigenschaften ganzrationaler Funktionen: **Nullstellen** ganzrationaler Funktionen höheren Grades bestimmen: Polynomdivision	- Vorgehensweise und Notwendigkeit der Polynomdivision in Gruppenarbeit erkennen	- Arbeitsblätter - Plakate - Metaplankarten
23.09.2011	Kompetenzschwerpunkt: Selbsteinschätzungskompetenz - Wiederholung zur 1. Klassenarbeit	- Üben in Einzel-/Partner-/Gruppenarbeit	- Übungsaufgaben

Untersucht die Funktionen auf ihr Symmetrieverhalten und tragt sie in die Tabelle ein. Sucht einen Zusammenhang zwischen den Funktionsgleichungen und den Funktionsgraphen.

Symmetrie zur y-Achse	Symmetrie zum Ursprung	Keine der beiden Symmetrien

Ordne die folgenden Beispiele auch noch in die Tabelle ein. Begründe deine Entscheidung und formuliere eine Regel:

$$a(x) = x^3 + x \,; \qquad b(x) = x^3 + x^2 \,; \qquad c(x) = x^2$$

Merkregel:

Eine ganzrationale Funktion ist **symmetrisch**

zur y-Achse,   **zum Ursprung,**

wenn _____   wenn _____

_____   _____

auftreten.

Tipps:

- Schau dir die Funktionswerte an:

  Suche dir zwei x-Werte aus, die den gleichen Abstand von der y-Achse haben und vergleiche deren Funktionswerte. Was fällt dir dabei auf?

- Kannst du diese Beobachtung auch auf andere Stellen übertragen?

  Versuche deine Beobachtungen mathematisch zu beschreiben.

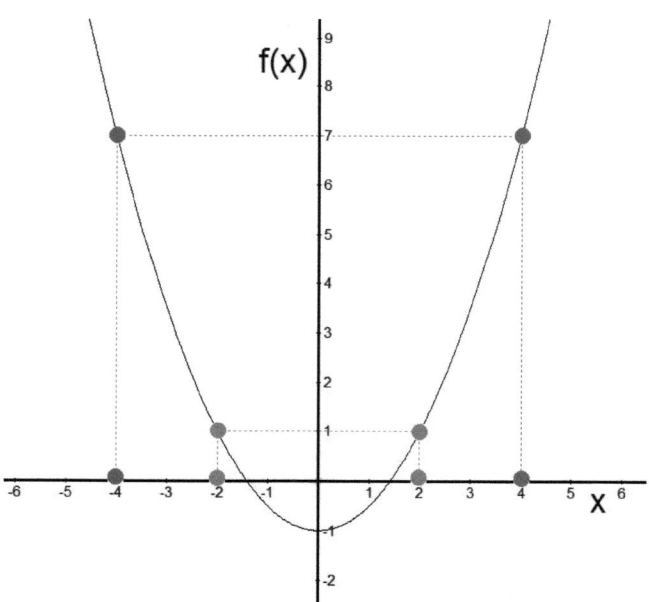

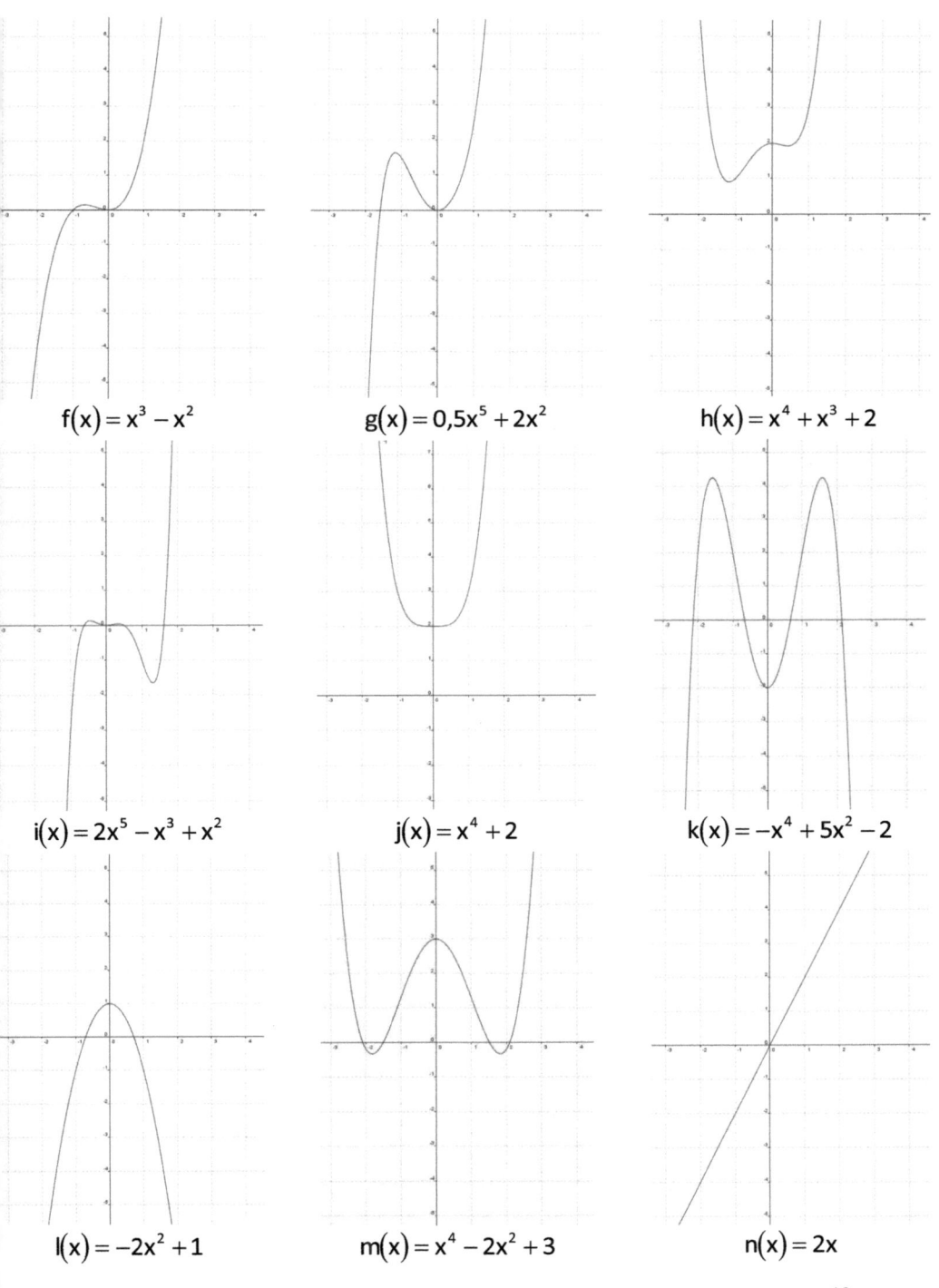

$f(x) = x^3 - x^2$

$g(x) = 0,5x^5 + 2x^2$

$h(x) = x^4 + x^3 + 2$

$i(x) = 2x^5 - x^3 + x^2$

$j(x) = x^4 + 2$

$k(x) = -x^4 + 5x^2 - 2$

$l(x) = -2x^2 + 1$

$m(x) = x^4 - 2x^2 + 3$

$n(x) = 2x$

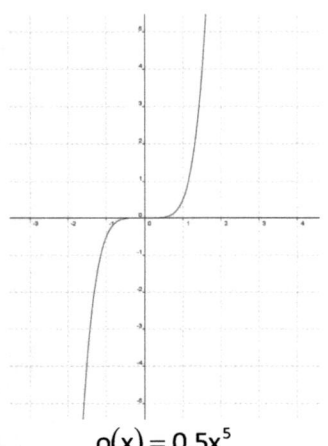

$o(x) = 0{,}5x^5$

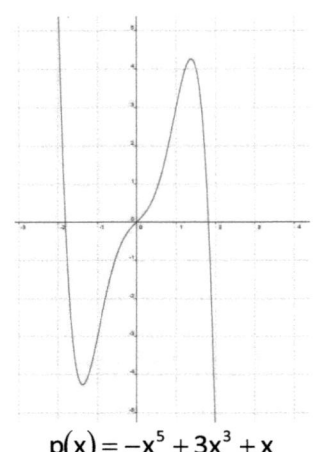

$p(x) = -x^5 + 3x^3 + x$

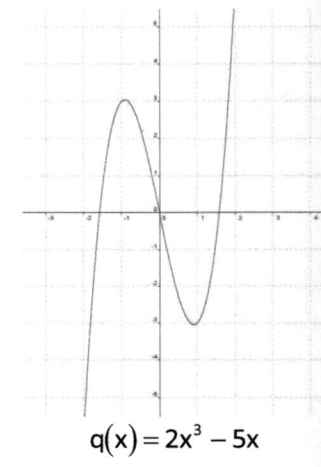

$q(x) = 2x^3 - 5x$